DIE BARTAGAME
POGONA VITTICEPS

Andree Hauschild

Die Bartagame

Prächtiges Exemplar einer Bartagame
Foto: M. Schmidt

Inhalt

Vorwort	4
Beschreibung	6
Verbreitung	8
Verwandtschaft	10
Lebensraum und Lebensweise	12
Gesetzliche Bestimmungen	14
Erwerb	16
Das Terrarium	18
Technik	26
Die Einrichtung	32
Eingewöhnung der Tiere und Pflege	36
Ernährung und Tränken	38
Lebensalter und Gesundheit	44
Vermehrung von Bartagamen	48
▪ Überwinterung	48
▪ Paarungsverhalten	51
▪ Trächtigkeit und Eiablage	51
▪ Inkubation	53
Aufzucht der Jungtiere	56
Weitere Informationen	58
Danksagung	60
Weiterführende und verwendete Literatur	61

1. Auflage 2004
2. Auflage 2005
3. Auflage 2006
4. Auflage 2007
5. Auflage 2008

Bildnachweis:
Titelbild: M. Schmidt
Kleines Bild: A. Hauschild
Seite 1: Weibliche *P. vitticeps* Foto: A. Hauschild

Die in diesem Buch enthaltenen Angaben, Ergebnisse, Dosierungsanleitungen etc. wurden vom Autor nach bestem Wissen erstellt und sorgfältig überprüft. Da inhaltliche Fehler trotzdem nicht völlig auszuschließen sind, erfolgen diese Angaben ohne jegliche Verpflichtung des Verlages oder des Autors. Beide übernehmen daher keine Haftung für etwaige inhaltliche Unrichtigkeiten. Alle Rechte, insbesondere das Recht der Vervielfältigung und Verbreitung sowie der Übersetzung, vorbehalten. Kein Teil des Werkes darf in irgendeiner Form (Druck, Fotokopie, Mikrofilm oder andere Verfahren) ohne schriftliche Genehmigung des Verlages reproduziert oder unter Verwendung elektronischer Systeme verarbeitet, gespeichert oder vervielfältigt werden.

ISBN 978-3-937285-20-7

© 2004 Natur und Tier - Verlag GmbH
An der Kleimannbrücke 39/41
48157 Münster
www.ms-verlag.de

Geschäftsführung: Matthias Schmidt
Lektorat: Kriton Kunz & Heiko Werning
Layout: go autark – rupp & hogeback GbR
Druck: Druckhaus Fromm, Osnabrück

Vorwort

BARTagamen begegnet man in den Halbwüsten und Wüsten Australiens, wenn man unterwegs im Outback ist. Man braucht sie nicht zu suchen: Ihre geringe Scheu und die eindrucksvolle Gestalt sorgen dafür, dass man sie leicht erkennt. Zumeist sitzen die Echsen in den Vormittagsstunden nahe dem Straßenrand oder unmittelbar auf dem Asphalt und erwärmen ihren Körper. So werden sie leider oft zu Verkehrsopfern. Dennoch gehören sie glücklicherweise in der Natur nicht zu den bedrohten Arten, und in Tierparks, Zoos und bei privaten Pflegern gehören diese eindrucksvollen Reptilien inzwischen zum „Standard". Die Streifenköpfige Bartagame (*Pogona vitticeps*) ist fraglos eines der beliebtesten und am häufigsten gehaltenen Reptilien überhaupt und eine geradezu ideale „Terrarienechse". Der Bedarf an diesen Tieren wird komplett durch Nachzuchten gedeckt.

Es sind auch Verdienste deutscher Hobby-Terrarianer, die sich in Australien und vor dem heimischen Terrarium mit der Lebensweise von Bartagamen beschäftigten, die zur Kenntnis ihrer Biologie beitrugen. So gewannen wir in der Vergangenheit nicht nur zahlreiche neue Erkenntnisse über Umgebungs- und Körpertemperaturen, Futtertierspektrum etc., ganz nebenbei wurde auch einer damals wissenschaftlich noch nicht beschriebenen Bartagamenart in Deutschland Asyl gewährt, der Zwergbartagame (*Pogona henrylawsoni*).

Eine Bartagame mit geöffnetem Maul, kleinen spitzen Zähnen, geblähter, stachelbewehrter Kehle, einem erhobenen Fuß mit deutlich sichtbaren Krallen, noch dazu ein nervös peitschender Schwanz – man denkt an einen kleinen, aggressiven Mini-Dinosaurier. Aber so verhält sich unser Tierchen nur, wenn es in die Ecke gedrängt wird und nicht ausweichen kann. Ansonsten ist es lammfromm, frisst Löwenzahnblätter aus der Hand und ist dankbar, wenn es in Ruhe gelassen wird. Bartagamen gehören zu den beliebtesten Terrarientieren – ihre variable Färbung, ein reichhaltiges Verhaltensrepertoire, ihre Zutraulichkeit und Aufmerksamkeit tragen dazu bei. Wesentlich ist auch, dass Bartagamen zur immer höher steigenden Zahl

Vorwort

an Terrarientieren gehören, deren Nachfrage vollständig aus Nachzuchten gedeckt wird. Die Anschaffung ist recht günstig und die Ernährung einfach und preiswert, da die Pfleglinge zu 50 % pflanzliche Nahrung fressen.

Wo so viel Licht ist, muss auch Schatten sein, und davon soll nichts verschwiegen werden. Bartagamen brauchen relativ viel Platz und tägliche Pflege. Und wenn man sie hält, bleiben sie nicht die einzigen lebenden Tiere in der Wohnung, sondern man teilt diese zusätzlich mit diversen Futtertieren wie Schaben, Grillen und Heuschrecken. Nicht nur unter Umständen, sondern ganz bestimmt (!) müssen einige Bereiche der Wohnung, wie Kühltruhe, Kühlschrank, Gefrierfach, Balkon oder Kräutergarten, völlig neu aufgeteilt werden. Dabei sind schnell Grenzen erreicht, was die Zumutbarkeit und die Zustimmung von Ehepartner oder Mitbewohner betrifft, weshalb der Erwerb von Bartagamen schon im Vorfeld abgesprochen werden sollte. In einem Punkt bin ich mir aber ganz sicher: Einmal angeschafft, wird Ihre eventuell sogar mit einem Namen versehene Bartagame nie wieder abgegeben und ist ein vollwertiges Familienmitglied.

Das vorliegende Buch wendet sich speziell an den Anfänger. Ich möchte in kompakter Form Informationen zur Haltung, Pflege und Vermehrung „der" Bartagame, *Pogona vitticeps,* vermitteln. Viel Spaß bei der Lektüre und selbstverständlich mit „Karlchen" oder wie immer Ihre Bartagame heißen wird.

Grevenbroich, im April 2004
Andree Hauschild

„Karlchen" beobachtet seinen Pfleger, ob der nicht mal unaufmerksam ist.
Foto: A. Hauschild

Beschreibung

BARTagamen sind mittelgroße Echsen, die ausschließlich in Australien vertreten sind. In der zoologischen Systematik werden sie in die Gattung *Pogona* gestellt.

Charakteristisch für diese Gattung ist das Vermögen, mit Hilfe des Zungenbeinapparates ihre Kehle (den mit spitzen Schuppen besetzten namensgebenden „Bart") aufstellen zu können. Aufgebläht bei Aggression oder Angst, verfehlt dieses Signal selten seine Wirkung. Die Streifenköpfige Bartagame (*Pogona vitticeps*), Mitchells Bartagame (*P. mitchelli*), die Östliche Bartagame (*P. barbata*) und die Nullarbor-Bartagame (*P. nullarbor*) sind diejenigen Arten der Gattung, die den Bart am eindrucksvollsten aufzustellen vermögen.

Die Gesamtlänge der größten Art (*Pogona barbata*) beträgt ca. 60 cm, die der kleinsten Art (*P. henrylawsoni*) ca. 30 cm. Der Körper ist gedrungen und abgeflacht, an den Flanken bestachelt, Vorder- und Hinterbeine sind kurz und kräftig ausgebildet. Der Kopf ist kurz und dreieckig geformt. Auf dem Hinterkopf und im Nacken befinden sich Körner- und Stachelschuppen – jede Bartagamen-Art weist eine arttypische Anordnung dieser Beschuppung auf. Zwischen Auge und Ohröffnung verläuft ein orange, rot oder dunkel gefärbtes Band. Die Ohröffnungen können artspezifisch oval oder dreieckig ausgebildet sein.

> **WUSSTEN SIE SCHON?**
> Der wissenschaftliche Gattungsname *Pogona* leitet sich vom griechischen Wort „pogon" („Bart") ab und bezieht sich auf die stachelbewehrte Kehlhaut.

Beschreibung

Etwas mehr als die Hälfte der Gesamtlänge entfällt auf den Schwanz. Mehrere Reihen Stachelschuppen verlaufen seitlich der Schwanzwurzel abwärts. Betrachtet man die Oberseite des Schwanzes, erkennt man eine schwach ausgeprägte Bänderung.

Die Maulschleimhäute sind gelb oder rot. Die meisten Bartagamen präsentieren auf heller Grundfarbe eine dunkle Zeichnung, insgesamt also wenig auffällige Töne und Zeichnungen, eher Tarnfarben. Nur einige Wildpopulationen, z. B. in Zentralaustralien, weisen spektakuläre Rot-, Gelb- oder Orangenuancen auf, die in ihrem Habitat dem jeweiligen Untergrund wiederum farblich angepasst sind. Solche Exemplare sind sehr hübsch anzusehen.

> **WUSSTEN SIE SCHON?**
> Bei Gefahr können Bartagamen ihren Schwanz – im Gegensatz etwa zu unseren heimischen Eidechsen – nicht abwerfen. Kommt es einmal zu einem Unfall mit Schwanzverlust, wächst dieser auch nicht mehr nach.

So lässt es sich leben: Dieses schöne Exemplar tankt genüsslich Sommersonne. Foto: A. Calgua

Verbreitung

BARTagamen besiedeln sehr erfolgreich den australischen Kontinent. Bis auf die äußersten südöstlichen und nördlichen Zipfel von „Down Under" haben sie sich im gesamten Land etabliert. *Pogona barbata* ist im östlichen Australien in einem breiten Küstenstreifen von New South Wales bis Queensland zu Hause. *Pogona henrylawsoni* bewohnt den Nordosten, also das Inland von Queensland. *Pogona microlepidota* (Kimberley-Bartagame), kommt, wie der deutsche Name schon verrät, im Norden Westaustraliens vor, in den Kimberleys. Die Verbreitung der Westlichen Bartagame (*P. minor*) reicht von West- nach Süd- und bis Nordaustralien. *Pogona minima* (Kleinste Bartagame) soll es nur auf der Inselgruppe Houtman Abrolhos geben, die Perth/Westaustralien vorgelagert ist. *Pogona mitchelli* besiedelt den Norden Westaustraliens, sowie Zentrum und Süden des Northern Territory. Das Vorkommen von *P. nullarbor* beschränkt sich auf das Wüstengebiet gleichen Namens im Süden des Kontinents. Das Verbreitungsgebiet von *P. vitticeps* schließlich, „unserer" Bartagame, erstreckt sich großflächig über den östlichen Teil des Zentrums Australiens.

Australische Autofahrer überfahren oft – ohne zu zögern – die Bartagame mit 80 km/h, die Europäerin bremst und trägt sie an den Straßenrand...

Verbreitung

Wo diese Verkehrsschilder stehen, ist es nicht mehr weit bis zur nächsten Bartagame. Foto: A. Hauschild

Zwei Minuten später sitzt die Agame wieder in der Straßenmitte. Fotos: A. Hauschild

Verwandtschaft

DIE Gattung *Pogona* zählt zur großen Familie der Agamen (Agamidae) aus der Unterordnung der Echsen (Sauria). Gemeinsam mit den Leguanen (Familie Iguanidae) und den Chamäleons (Familie Chamaeleonidae) werden sie in eine Überfamilie (Iguania) gestellt, die einen eigenen Entwicklungszweig der Echsen darstellt.

Je nach Anschauung werden heute sieben oder acht Arten zur Gattung *Pogona* gestellt; der Status von *P. minima* ist umstritten. Manche Autoren betrachten diese Form als Unterart von *P. minor*.

Früher wurden Bartagamen in die Gattung *Amphibolurus* gestellt; auch heute noch kursiert dieser alte Gattungsname gelegentlich noch durch den Zoohandel oder veraltete Literatur. Die Bartagamen wurden allerdings schon 1982 aus dem ehemaligen „Sammeltopf" *Amphibolurus* herausgelöst und in die eigene Gattung *Pogona* gestellt, was in den nachfolgenden Jahren in der Wissenschaft allgemeine Anerkennung fand. Zur Gattung *Amphibolurus* werden heute nur noch etwa acht Arten schlanker Agamen aus Australien und Neuguinea gezählt, die so genannten Peitschenschwanz-Agamen.

> **WUSSTEN SIE SCHON?**
> Wodurch unterscheiden sich Bartagamen von den übrigen etwa 70 australischen Agamen-Arten? Vor allem durch den mehr oder weniger aufstellbaren „Bart" und die kräftige Bestachelung des dreieckigen Kopfes und der Flanken. Diese Merkmale sind so charakteristisch, dass die Bartagamen in eine gemeinsame Gattung gestellt wurden.

Weibliche *Pogona henrylawsoni* Foto: A. Hauschild

Verwandtschaft

Kopf-, Nacken- und Rückenbestachlung von *Pogona henrylawsoni*. Foto: A. Hauschild

Lebensraum und Lebensweise

ALLE Bartagamen sind tagaktiv, Bewohner der Bodenoberfläche, klettern aber auch in Büschen und/oder Bäumen. Sie bevorzugen Körpertemperaturen zwischen 28 und 40 °C während ihrer Tagesaktivitäten.

Morgens klettern sie aus ihrem nächtlichen Unterschlupf auf einen erhöhten Punkt, flachen ihren Leib ab und „tanken" mit der so vergrößerten Körperfläche effektiv die Strahlungswärme der Sonne. Noch sind sie kühl und beinahe schwarz gefärbt: Der dunkle Körper nimmt die Strahlungswärme am besten auf. Sobald sie ihre optimale Körpertemperatur erreicht haben, verlassen die nun heller gefärbten Tiere den Platz, um soziale Aktivitäten zu entfalten oder um einen geeigneten Ansitz für die Jagd einzunehmen. Wird die Umgebungstemperatur zu hoch, sodass Überhitzungsgefahr besteht (die kritische Körpertemperatur liegt bei ca. 44 °C), färben sich die Agamen noch heller und versuchen, in den Schatten zu kommen.

Bartagamen sind Ansitzjäger, warten also auf vorbeikommende Beute. Sie sitzen auf Termitenhügeln, Steinen, Baumstümpfen, an Telefonmasten, in Büschen und auf jeglichem möglichen erhöhten Aussichtsplatz. Kommt etwas des Weges, was auch nur annähernd als Beute überwältigt werden kann, stürzt sich die Agame auf das Opfer und verschlingt es sogleich. Neben kleinen Wirbeltieren, z. B. Nagetieren, Jungvögeln und Fröschen, zählen vor allem die verschiedensten Wirbellosen zum Beutespektrum, z. B. Grillen, Schaben und Heuschrecken. Der pflanz-

Die Flinders Ranges/South Australia, Biotop von *P. vitticeps* Foto: A. Hauschild

Lebensraum und Lebensweise

liche Nahrungsanteil beträgt bis zu 50 %, und die Tiere fressen Blätter, Blüten und Früchte, wobei gelbe Blüten deutlich bevorzugt werden. Bartagamen trinken aus Wasseransammlungen, lecken Tautropfen von Blättern, ja, es gibt eine dokumentierte Beobachtung, wonach sich eine Bartagame bei Regen so aufrichtete und den Rücken von hinten nach vorne beugte, dass das Wasser vom Rücken zum Kopf und von da zur Schnauzenspitze lief. Von dort leckte sie das Wasser auf.

> **WUSSTEN SIE SCHON?**
> Es sind immer nur Männchen, die ein Territorium kontrollieren und gegen andere erwachsene Männchen verteidigen. Signalartige, friedliche Interaktionen gehen aggressivem Verhalten voraus. Erst wenn es sich nicht vermeiden lässt, der Gegner das Feld also nicht freiwillig räumt, kommt Stufe zwei: Aufblähen, Maulaufreißen, Bartaufstellen, Schwanzschlagen, Fauchen und Bespringen, bevor der Gegner in letzter Konsequenz kräftig gebissen wird, wenn er denn gar nicht aus dem Revier weichen will. Andererseits kommuniziert ein Paar beim Werben oder Imponieren überaus friedlich miteinander und setzt die angesprochenen optischen Signale ein, wie Kopfnicken, Armdrehen, Winken, Ducken und Schaukeln.

Gesetzliche Bestimmungen

AUSTRALIEN

kontrolliert sehr streng die Einfuhr von Pflanzen und Tieren, um seine Bürger, Tiere und Pflanzen vor Krankheiten oder unerwünschten Neubürgern zu schützen. Umgekehrt überwacht man alle abgehenden Transporte zu Wasser und in der Luft, um Schmuggel mit heimischen Arten zu unterbinden. Sämtliche australischen Pflanzen und Tiere unterliegen strengstem Ausfuhrverbot. Entdeckt der Zollbeamte auch nur ein einziges geschmuggeltes Tier, kann der Schmuggler die ganze Härte der australischen

Enkelin Lilli ist nicht zu bremsen, wenn sie eine Bartagame füttern darf. Foto: A. Hauschild

Gesetzliche Bestimmungen

Justiz zu spüren bekommen: Eine fünfstellige Geldstrafe zuzüglich mehrere Wochen Haft drohen – ohne Bewährung.

Dagegen unterliegen Bartagamen in Deutschland keinen Artenschutzbestimmungen. Warum auch? Sie lassen sich hervorragend züchten, wenn man ein paar Dinge beachtet, die in diesem Buch nachzulesen sind. Nachzuchten können von Händlern, Züchtern oder Liebhabern problemlos und ohne behördliche Erfassung gehalten werden. Jedoch müssen Sie natürlich das Tierschutzgesetz beachten, Ihre Echsen also artgerecht pflegen, verhaltensgerecht unterbringen, ernähren usw.

Eine Richtlinie über Mindestanforderungen an die Haltung von Reptilien besagt, welche Mindest-Terrariengröße einem erwachsenen Paar *P. vitticeps* zur Verfügung stehen sollte. Diese Richtlinie liegt in Form eines Gutachtens vor (siehe „Weitere Informationen").

Grundsätzlich gehören Bartagamen zu den nicht genehmigungspflichtigen Kleintieren, deren Haltung im Mietvertrag nicht ausgeschlossen werden darf, sofern keine Störungen z. B. durch Geruchsbelästigung (Futtertierzucht!) oder ausgebrochene Agamen oder Futtertiere davon ausgehen. Es ist aber dennoch keinesfalls unvorteilhaft, den kleinen Sohn der Vermieterin einzuladen, um ihn gelegentlich beim Verfüttern von Löwenzahnblüten und -blättern assistieren zu lassen... („...das Karlchen find' ich voll nett, Andree, darf ich noch ein Zaalaat geben?")

Erwerb

DIE sicherste Methode, um an kräftige und gesunde Bartagamen zu gelangen, ist der Erwerb von Nachzuchten bei privaten Terrarianern (Anzeigen finden Sie auf den RepTV-Seiten von REPTILIA und TERRARIA, zu erreichen über www.reptilia.de, oder im Anzeigenjournal der DGHT). Hier kann man unter mehreren Geschwistern auswählen und – nicht zu unterschätzen – man darf einen Blick auf Vater und Mutter werfen. Das Jugendkleid sagt noch nicht viel über die künftige Färbung, die Tönung der Elterntiere sagt da schon mehr aus. Ein Vorteil, den der Händler nicht bieten kann, denn er bietet Einzeltiere, ein Pärchen oder Nachzuchten. Aber natürlich sind auch im Zoohandel Bartagamen-Nachzuchten regelmäßig erhältlich.

Privat und im Handel werden aufgrund der oben erwähnten strengen Ausfuhrverbote keine Wildfänge verkauft, sondern ausschließlich Nachzuchten, die von einigen Anfang der 1980er-Jahre eingeführten Wildfängen aus Australien abstammen. Mittlerweile kursieren Nachzuchten in der x-ten Generation in den Tierbeständen von Zoos und Terrarianern, die teilweise aufgrund der starken Inzucht der vorhandenen Zuchtexemplare genetisch bedingte Schäden aufweisen: Missbildungen, Wachstumsstörungen, Rollschwänze, Rückgratveränderungen und Tumorbildungen. Wer sicher gehen will, gesunde Jungtiere zu erwerben, sollte sich zuerst die Eltern anschauen. Es reicht schon, wenn Vater Bartagame einen Buckel wie Quasimodo hat – dann Finger weg und sich artig verabschieden.

Am besten holen Sie sich Ihre Bartagame selbst beim Züchter oder aus dem Zoohandel ab. Auch auf Terraristikbörsen gehören die Tiere zum „Standard-Angebot". Ein Versand mit der Deutschen

DER PRAXISTIPP

Kaufen Sie kein Tier mit eingefallenen oder verklebten Augen, Krusten auf den Kieferrändern, geschwollenen Gliedmaßen, fehlenden Zehen oder Krallen, einer stark eingefallenen Schwanzwurzel, einem schwarzen (absterbenden) Schwanzende. Breiiger Kot im Terrarium weist auf Darmerkrankung oder Parasitenbefall hin. Kaufen Sie nicht aus Mitleid einäugige, dreibeinige oder offensichtlich ungesunde Tiere! Züchter und Händler müssen wissen, dass sie nur gesunde Exemplare anzubieten haben und sollten dafür einen entsprechenden Haltungs- und Pflegeaufwand zu betreiben.
Bei einem seriösen Züchter oder Händler sind Verkaufstiere vital und machen einen guten Eindruck, z. B. wenn sie spontan präsentiertes Futter annehmen oder sich beim Hochnehmen wehren.

Erwerb

Post AG ist nicht möglich; falls eine persönliche Abholung nicht möglich ist, müssen Sie ein Speditionsunternehmen beauftragen, das auch Wirbeltiere transportiert.

Zum Transport Ihrer frisch erworbenen Bartagamen eignen sich die üblichen Behälter wie Leinensäckchen oder Plastikterrarien. Größere Tiere werden immer einzeln transportiert, Jungtiere können auch gemeinsam in ein Plastikterrarium gegeben werden. Boxen oder Plastikterrarien werden für den Transport mit Küchenpapier ausgestattet, damit die Agamen Halt und Deckung finden. Die Transportgefäße werden dann in eine große Styroporbox gelegt, sodass sie gegen Stöße und vor allem extreme Klima-Einflüsse gut geschützt sind.

Geeignete Transportbehälter für Bartagamen Foto: M. Barts

Eine „Vorzeigeagame" aus dem Düsseldorfer Aquazoo zum Schulungsthema: Reptilien in ihrem Lebensraum.
Für Primarstufen. Anmeldung unter
E-Mail: paedagogik.aquazoo@stadt.duesseldorf.de
Foto: A. Hauschild

Das Terrarium

DER von Ihnen kontaktierte Züchter oder Händler reserviert Ihnen ein Paar halbwüchsige Bartagamen. Sie haben vielleicht schon die Hälfte des Kaufpreises angezahlt und versprochen, die Tiere in zwei Wochen abzuholen. Bis dahin müssen Sie ein Terrarium erwerben, einrichten und die reibungslose Funktionstüchtigkeit der Technik überprüfen. Ob dieses Becken nun aus Holz, Glas, Ytong, Aluminium oder Styropor besteht, aus dem breiten Sortiment des Fachhandels stammt oder Marke Eigenbau ist – den Bartagamen ist das völlig gleich, solange ihre Bedürfnisse optimal erfüllt werden. Je geräumiger das Becken, desto besser. Hier spielen wieder die Vorgaben aus dem „Gutachten über die Mindestanforderungen an die Haltung von Reptilien vom 10. Januar 1997" mit. In den „Mindestanforderungen" wird für ein Pärchen ein Terrarium mit folgenden Maßen empfohlen: 5 x 4 x 3 (L x B x H) multipliziert mit der Kopf-Rumpf-Länge (KRL) der Bewohner. Ausgewachsene Bartagamen haben im Mittel eine Kopf-Rumpf-Länge von ca. 25 cm. Demnach gibt man z. B. beim Terrarienbauer eine Behausung für die Pfleglinge mit folgenden Terrarienmaßen in Auftrag: Länge: 5 x 25 cm = 125

Markus Juschka zeigt ein simples Quarantänebecken aus Kunststoffplatten mit einer Styrodurrückwand, mit Epoxydharz gehärtet, dazu gehören 2 Schiebescheiben, 1 x Aluminiumgazedeckel, 1 x 75W Halogenspot & 1 x 120W Leuchtmittel. Foto: A. Hauschild

Das Terrarium

Ein begehbares Freiluftterrarium entsteht. Hund Carlo hat was falsch verstanden...
Foto: A. Hauschild

cm; Breite: 4 x 25 cm = 100 cm; Höhe: 3 x 25 cm = 75 cm. Damit wäre den „Mindestanforderungen" genüge getan. Gefühlsmäßig würde ich allerdings gut und gerne weitere 50 cm an Länge und Breite hinzufügen. „Noch mehr wäre auch nicht zu verachten", würde das Bartagamen-Pärchen wohl sagen, wenn es denn reden könnte.

Es gibt fertige Glasterrarien zu kaufen, sowohl Norm- als auch frei bestellbare Größen. Das Material Glas hat Vorteile: gute Durchsicht, leicht zu reinigen, nicht wasserdurchlässig (mal davon abgesehen, wenn es schlecht verfugt ist). Das hohe Gewicht ist ein Minuspunkt, Anecken wird mit Sprüngen, Splittern, Bruch und Undichte geahndet. Bohren und Schneiden gestaltet sich schwierig. Entscheidet man sich dennoch für einen Glaspalast, sollte man unbedingt die Hinterseite des Behälters mit einer bekletterbaren Rückwand gestalten, zumindest aber von außen ein Poster oder Plakat „Australische Savanne" ankleben. Diese Deckung gibt den Tieren ein wenig Sicherheit und erfreut gleichzeitig den Betrachter. Was hier garantiert nicht fehlt, sind Schiebescheiben. (Ich höre allerdings schon von weitem das unsägliche Geräusch, wenn nur eine Scheibe auf Sandkörnchen läuft...

kreiiiiiiiiischhhhhh!)

Das Terrarium

Dieses Freiluftterrarium ist 2 m lang und 1 m hoch. Der Boden ist V2A-vergittert.
Foto: A. Hauschild

Das Terrarium

Das Terrarium

Alternativ zum Glas kann man mit etwas Geschick ein sehr leichtgewichtiges, großes Terrarium bauen (lassen). Als Rahmenmaterial bietet sich ein Aluminium-Stecksystem an, das man seitlich mit Doppelstegplatten beplankt. Eine hohe Kunststoffwanne als Boden erfüllt ihren Zweck in jeder Hinsicht: Esszimmer, Schlafzimmer, Sonnenstudio, Buddelecke, Eiablageplatz etc. Der Boden ist also eine nicht zu unterschätzende Fläche, an die man leicht gelangen können sollte, zwecks Reinigung, Erneuerung und Eiersuche. Die Front bilden zwei Flügeltüren, die sich einzeln öffnen lassen. Schiebetüren sind hier nicht zweckmäßig, eine einzige, große Glastür auch nicht. Solch ein Behälter ist leicht, lange haltbar und eine preiswerte Alternative zu Glas.

Terrarien aus Holz, besser gesagt, aus beschichteten Spanplatten, sind auch ohne großes handwerkliches Geschick herzustellen. Baumärkte halten Spanplatten in allen Größen vorrätig und schneiden sie gleich nach Maß. Man sollte mindestens 19 mm Stärke und Produkte „für den Wohnbereich" wählen, um auszu-

Männchen in Kampfstellung; Eine Vergesellschaftung von Männchen in einem Zimmerterrarium ist nicht möglich. Foto: A. Calgua

Das Terrarium

Freilandterrarien sollten gut gegen das Entkommen der Agamen und gegen Eindringen z. B. von Katzen abgesichert werden. Foto: A. Calgua

schließen, dass es lösungsmittelhaltige Platten für den Außenbereich sind. Als Träger kann man Vierkant-Hölzer verwenden. Seiten-, Boden-, Oberseite und Rückwand werden aus beschichtetem Sperrholz gebildet, zwei Glasschiebescheiben nehmen die Frontseite ein. Sie laufen in Kunststoff-E-Profilen (Doppel-U-Profilen), die in Boden und Deckel vorher eingefräst oder aufgeklebt wurden. Aus der Oberseite wird ein großes Loch geschnitten, auf das man zwecks Lüftung ein Lochblech klebt. Genauso geht man in einem der mittleren Sei-

Das Terrarium

Diese Bartagamen haben einen Wintergarten zum „Sonnenaufenthalt" genutzt. Bei allen „Frei-Aufenthalten" müssen die Tiere beaufsichtigt werden, und es ist darauf zu achten, dass die Agamen nicht entkommen können. Foto: A. Calgua

tenbereiche vor, also links oder rechts – auch dort wird ein Lochblech eingeklebt. Wer kein Lochblech mag oder es nicht bekommt, kann natürlich auch mit Drahtgaze vorlieb nehmen. Nun muss man noch alles von innen an Ecken und Kanten sauber mit Silikon abdichten. Von außen kann das Terrarium mit Kunststoff- oder Aluminiumwinkeln optisch verschönert werden. Solche Terrarien sind besonders stabil, nicht stoß- und kratzempfindlich und vertragen

Das Terrarium

einiges an Feuchtigkeit, wenn sie gut versiegelt sind.

Nicht unerwähnt bleiben soll das Kellerregal: „die ALDI-Variante" unter allen Terrarien ist es wert, mit aufgezählt zu werden. Möchte man mehrere Zuchtgruppen Bartagamen halten, so ist der Platzbedarf erheblich. Pflegt man beispielsweise ein Männchen und drei trächtige Weibchen, sollte man schon über vier Terrarien verfügen! Da kommt ein Kellerregal gerade richtig. Als Grundgerüst verwendet man ein Lagerregal aus verzinktem Lochwinkelprofil mit eingeschraubtem Stahlfachboden. Als Seiten-, Zwischen- und Rückwände haben sich kunststoffbeschichtete 19-mm-Pressspanplatten bewährt. Die Frontseiten werden natürlich wieder verglast.

Zum Abschluss des Kapitels Terrarienbau noch ein Wort zur Be- und Entlüftung: Bitte großzügige Lüftungsflächen einplanen. Was gibt es Schlimmeres, als den Bartagamen permanent Stickluft zuzumuten? Man kann nachträglich zur Not immer noch etwas abkleben oder oben auf dem Terrariendeckel die Drahtgaze bzw. das Lochblech verkleinern. Aber nachträglich Löcher bohren oder Lüftungsschlitze sägen: nein danke.

Ich habe auch gute Erfahrungen damit gemacht, Bartagamen einen Freilandaufenthalt zu gönnen, wenn die Witterung dies zulässt. Wichtig ist nur, dass im Freilandterrarium Sonnen- und Schattenplätze vorhanden sind und die Tiere bei anhaltendem Regen oder einer Kälteperiode wieder in das Zimmerterrarium geholt werden. Normale Glasterrarien sind ungeeignet, da sie bei Sonneneinstrahlung überhitzen.

Die zweckmäßigsten Freilandterrarien habe ich schon vor 30 Jahren bei Bert Langerwerf in Holland gesehen: Kompakte, kleine Gewächshäuser, zur Hälfte im Boden eingegraben, oben mit Lüftungsflächen aus verzinktem Drahtgeflecht ausgestattet. Bei Bedarf werden dann noch Glasplatten draufgelegt, sodass Temperaturen erreicht werden, die deutlich über unseren „Normalwerten" liegen und einen Freilandaufenthalt auch außerhalb der wärmsten Sommertage ermöglichen. Bei jeder Art von Freilandterrarien ist unbedingt auf Ausbruchsicherheit zu achten – und umgekehrt. Nicht, dass Nachbars Katze oder eine Krähe sich mal eine wirklich exotische Abwechslung ihres Speiseplans verschaffen können.

Technik

DAS A und O im Terrarienbetrieb sind die richtigen Temperaturen und das Licht. Reptilien sind wechselwarme (ektotherme) Tiere. Das bedeutet, dass sie ihre Körpertemperatur nicht von alleine aufrecht halten, sondern von Umgebungswärme abhängig sind. Um dauerhaft zu überleben, sind sie auf Wärmequellen von außen angewiesen. Ohne Wärme läuft also nichts. Die Herstellung der Terrarien mag man noch in Eigenregie leisten, bei elektrischen Arbeiten ist es jedoch ratsam, einen Fachmann zu beauftragen, um der Gefahr von Stromschlägen oder Bränden vorzubeugen. Bartagamen benötigen sowohl einen heißen Aufwärmplatz als auch schattige Bereiche. Zusätzlich muss eine Lauffläche gewährleistet sein, in der mittlere Temperaturen herrschen. Das klingt kompliziert, ist aber gar kein Problem, wenn wir unterschiedliche Beleuchtungstypen und -strahler anbieten, die wir im Terrarium bzw. im Lampenkasten installieren. Es ist überhaupt kein Luxus, wenn vier verschiedene Leuchten unterschiedlich geschaltet werden; damit simulieren wir ein Lichtregime „wie in der Natur". Am Nachmittag lassen wir im Zwei-Stunden-Rhythmus eine Lampe nach der anderen per Zeitschaltuhr aus-

Zeitschaltuhren können vielfältig eingesetzt werden, um wechselnde Klimabedingungen zu schaffen. Foto: M. Barts

Inhalt der Seite

HQL-Lampe Foto: M. Schmidt

schalten, sodass ein „natürlicher" Tages-Temperaturverlauf entsteht. Nur in einem angemessen großen Terrarium können sich die Tiere unterschiedlichen Wärmestrahlungen und einem Temperaturgradienten aussetzen. Leider habe ich selbst schon bei unerfahrenen Pflegern gesehen, wie Bartagamen in zu kleinen, überheizten Behältern auf ihren Hinterbeinen in der Terrarienecke standen, das Maul weit geöffnet hatten und hechelten. Solche Extreme müssen natürlich ebenso verhindert werden wie eine zu kühle Haltung, die sich fatal auf die Gesundheit der Tiere auswirken kann.

Zusammenfassend gesagt: Durch geschickte Platzierung von Spotstrahlern und Beleuchtung sorgt man im Bartagamen-Terrarium für einen Temperaturgradienten, der während des Tages in der Aktivitätsperiode von etwa 25 °C an kühleren Stellen bis zu 40 °C an warmen Plätzen reicht. Direkt unter den Spotstrahlern, also an den Sonnenplätzen, sollten Temperaturwerte von 40–50 °C herrschen. Bei diesem Temperaturregime können sich die Bartagamen immer „auf Betriebstemperatur" halten und sich die ihnen genehmen Temperaturbereiche für den Aufenthalt aussuchen.

Mit welchen Lampentypen erreicht man die beste, höchste Lichtausbeute? Das beste Licht-

Technik

spektrum weisen moderne Leuchtmittel wie HQI, CDM und CDM-R auf. Aber aufgepasst: auf die natürlichste Lichtwiedergabe ist zu achten! Brenner mit der Typenbezeichnung D oder NDL-HQI haben bei gleicher Wattzahl eine doppelt so hohe Lichtausbeute. Quecksilberdampflampen (HQL) sind nicht wirklich vergleichbar mit Halogendampflampen (HQI). Das Farbspektrum der HQL-Lampen wirkt diffus, weniger dem Sonnenlicht entsprechend, und geht tendenziell eher in Richtung Discolight. Trotzdem: Mit einem Spot und ansonsten ausschließlichem Einsatz von 125-W-HQL-Lampen zur Terrarienbeleuchtung gelang mir die wiederholte Nachzucht diverser Skinkarten sowie auch von Bartagamen.

> **DER PRAXISTIPP**
> Der Klassiker zur UV-Bestrahlung ist die „Ultra Vitalux"-Lampe (300 W) von Osram, die wegen ihrer Wärme- und Strahlungsintensität nicht mehr als einmal täglich aus einem Abstand von mindestens 1 m Entfernung von oben auf das zu bestrahlende Tier gerichtet wird. Sonst sind nicht nur Augenschäden unvermeidbar. Ihr Wirkungsspektrum setzt erst nach einigen Minuten ein, darunter findet nichts als Beleuchtung statt. Daher sollte die Bestrahlung 15-60 Minuten dauern, am besten bei einer mehrwöchigen Eingewöhnungszeit mit allmählicher Steigerung. Alternativ gibt es in jüngster Zeit auch ähnliche UV-Strahler geringerer Stärke (100 und 160 W) von verschiedenen Anbietern im Zoohandel, die auch ganztags als UV- und Wärmequelle eingesetzt werden können.

Energiesparlampen haben nur eine geringe Wattzahl und können allenfalls einen Lichtschatten aufhellen. Davon mal abgesehen: Sie sehen hässlich aus. Am besten bringt man sie im Lampenkasten unter. Spezielle Vorschaltgeräte und Fassungen benötigen die neuen T5-Röhren, die besonders hell und effektiv über Reflektoren zu optimieren sind.

Spotstrahler von 25–150 W werden an kleinen, lokalen Wärmeplätzen und zur Ausleuchtung kleiner Flächen eingesetzt. Vergewissern Sie sich, dass der Spot so angebracht ist, dass Bartagamen weder das Leuchtmittel selbst noch die Befestigung erreichen können, sie würden sich sonst verbrennen. Auch sollten für die Tiere keine Einrichtungsgegenstände als Absprungmöglichkeiten in Frage kommen, um auf dem Spot landen zu können! Was ich auch immer gerne benutze, sind die häufig als Sonderangebote in Baumärkten erhältlichen Baustrahler mit Halogenleuchtstab. Wenn ein solcher Strahler sicher montiert ist und die Urlaubsvertretung nicht wild mit dem Wasserzerstäuber im Becken sprüht, dann hält diese Beleuchtung monatelang, und den Bartagamen bietet sich eine

Technik

gute Aufwärmquelle. Je nach Abstand verwendet man 150–300 W. Den richtigen Abstand stellt man gleich durch die passende Installation des Strahlers ein, oder man deponiert eine oder mehrere stabile Steinplatten unter dem Strahler und verringert solange den Abstand, bis die gewünschte Temperatur erreicht ist.

„F18 BLB" gemacht. Zusammen in einer Zweierfassung untergebracht, sorgen beide Lampen für Licht und Gesundheit.

Apropos Gesundheit: Der UV-Anteil der Beleuchtung spielt bei tagaktiven Echsen wie Bartagamen eine nicht unerhebliche Rolle. Das längerwellige UV-A-Licht fördert vor allem Erneue-

„Ultra-Vitalux" (300 W) von Osram
Foto: M. Schmidt

Auch Leuchtstoffröhren können eine gute Lichtausbeute ergeben, wenn man den richtigen Typ wählt. Gute Erfahrungen habe ich mit „Philips TLD 80/86" in der Stärke 18 W und als UVA-Quelle von Sylvania die gleich starke

rungsvorgänge in der Haut. Bei UV-bestrahlten Tieren läuft die Häutung oft problemloser und regelmäßiger ab als bei nicht bestrahlten. Das mittelwellige UV-B-Licht spielt eine wichtige Rolle bei der Bildung des Vitamin D_3,

Technik

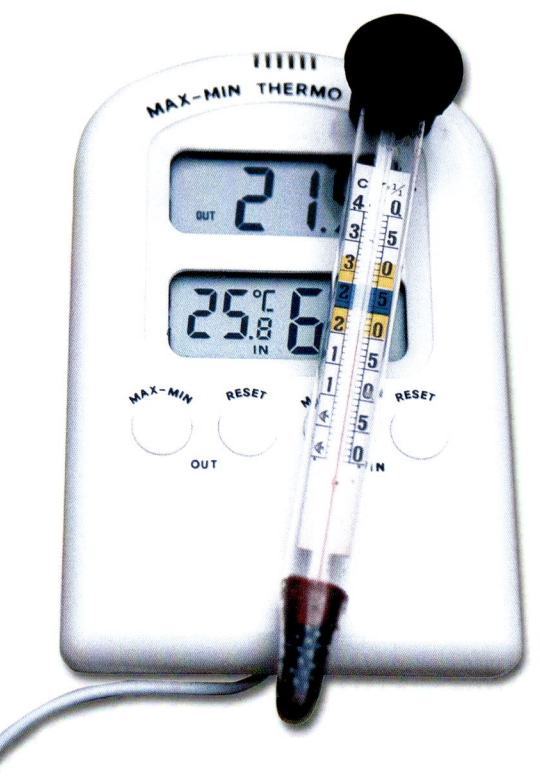

Um die Klimabedingungen im Terrarium überprüfen zu können, benötigt man ein Thermometer. Foto: K. Kunz

Bartagamen als seit Generationen bei uns gezüchtete Reptilien sind längst auf europäischen Sommer umgestellt (in ihrer Heimat Australien ist Sommer, wenn bei uns auf der Nordhalbkugel Winter herrscht), daher beträgt im Sommer die Tageslänge 12–14 Stunden, im Winter neun Stunden, im Frühling und Herbst je zehn Stunden. Während der Winterzeit ruhen meine Bartagamen sechs Wochen ohne Heizung und Beleuchtung, nur bei Zimmertemperatur.

Nachts sind das ganze Jahr über sämtliche Licht- und Heizquellen ausgeschaltet, sodass auch hier die Werte auf Zimmertemperatur absinken.

Ich bin ein Gegner von Heizfelsen und Heizmatten in Terrarien für sonnenliebende Echsen. Sie bieten viel mehr Negatives als Positives, z. B. wird die Bodenfeuchte ruckzuck ausgetrocknet und das Terrarium verstaubt. Auch ist der Temperaturverlauf bei einer Bodenheizung unnatürlich: In der Natur kommt Wärme fast ausschließlich von oben (Sonne), sonnenliebende Echsen sind darauf „gepolt", also verwenden Sie zur Beheizung bitte ausschließlich Strahler und keine Bodenheizungen.

das die Aufnahme von Kalzium aus dem Darm ermöglicht und daher für den Skelettaufbau von Bedeutung ist. Die Bestrahlung mit UV-C-Lampen ist völlig ungeeignet und kann zu gesundheitlichen Schäden führen.

Wie lange sollte das Terrarium am Tag beleuchtet sein? Das kommt auf die Saison an: Frühling, Sommer, Herbst und Winter finden auch im Terrarium statt!

Technik

Um Bartagamen gesund zu erhalten, kommt der Terrarientechnik größte Bedeutung zu. Foto: M. Schmidt

Die Einrichtung

NOCH ist das Terrarium ganz leer und wird daher zunächst mit grobem, lehmhaltigen Kiesgrubensand gefüllt. Eine entsprechend hohe Bodenwanne (oder ein hoch angebrachter Frontsteg) im Terrarium erlaubt das Auffüllen bis auf 30 cm Höhe. Das ist ideal, da sich so die Bodenfeuchte lange hält und sich der Boden durch die ausschließliche Strahlungswärme von oben nicht komplett durchwärmt. Ich beobachte immer wieder, dass Zimmerterrarien viel zu trocken sind. Das spiegelt sich in der Gesundheit unserer Pfleglinge wider, und zwar beispielsweise in schlechter Häutung, Zehen- und Schwanznekrosen sowie Gichterkrankungen. Eine Gegenmaßnahme besteht darin, jeden Morgen den Terrarienboden mit warmem Wasser großflächig einzusprühen. Erst nach Stunden ist der Boden oberflächlich abgetrocknet. Allerdings darf der Boden keinesfalls dauerhaft feucht oder gar nass sein.

Verwenden Sie weder Rinden- noch

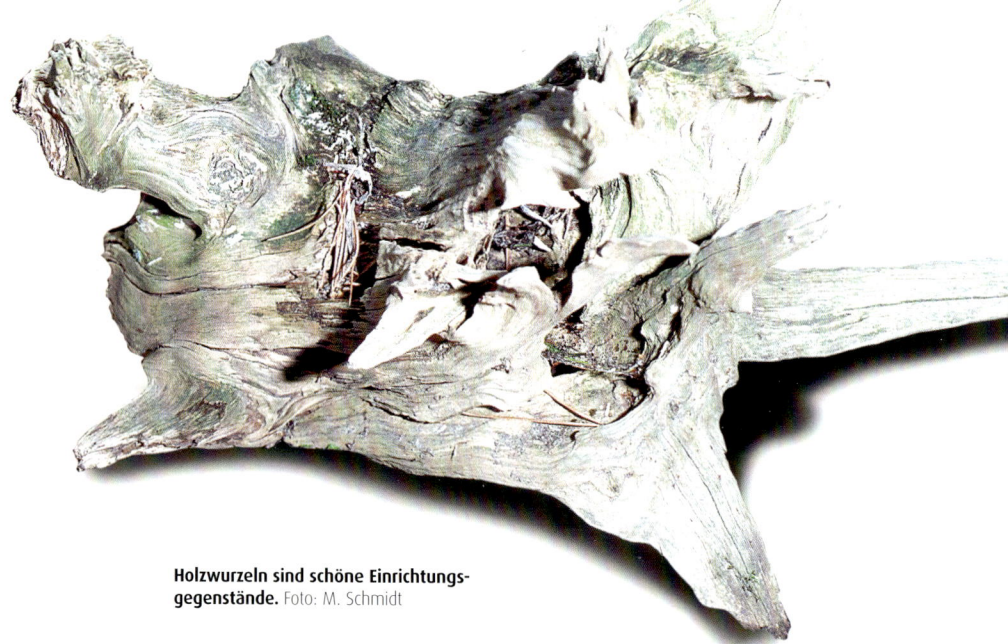

Holzwurzeln sind schöne Einrichtungsgegenstände. Foto: M. Schmidt

Die Einrichtung

Holzspäne als Bodengrund. Werden diese bei der Futteraufnahme verschluckt, kann es zu gesundheitlichen Problemen kommen (Darmverschluss), die nur noch operativ behoben werden können.

Je nach Größe des Behälters reichen 1–2 Stämme zum Sonnen. Wählen sie solche, die stärker als der Agamenkörper sind. Bartagamen wollen sich nicht an Ästen hochhangeln, sondern auch mal regelrecht darauf sprinten. Ein echter Stamm mit Rinde ist vorzuziehen – dieser muss aber unbedingt fest verankert sein. Man stelle sich vor, was passiert, wenn so ein schweres Einrichtungsteil umkippt oder wegrutscht, und Ihr „Karlchen" sitzt just in diesem Moment darunter auf dem Boden...

Auf künstliche Einrichtungsgegenstände wie Kunststoffrohre mit Teppichbodenüberzug verzichtet man lieber. Zum einen sehen derartige Konstruktionen leicht aus wie veraltete U-Boot-

Herangewachsene Bartagamen-Nachzuchten in ihrem Terrarium. Bei großen Tieren können solche Zierkorkstücke Probleme mit den Krallen verursachen. Foto: M. Schmidt

Die Einrichtung

Rohre im Terrarium, und zum anderen bergen sie erhebliche Unfallgefahren! Ich sah schon ausgekugelte Beine, blutige Zehen und abgerissene Krallen, weil sich Tiere in Textilschlingen verfangen haben. Heimtextilien haben nichts in Terrarien verloren.

Korkeichenrinde ist ein leichtes und dekoratives Material, aber meines Erachtens ein wenig zu weich: Die Krallen der großen Bartagamen können sich leicht verhaken, es kommt schon mal zu üblen Krallenverlusten. (Problemlos einsetzen kann man Korkeichenstämme aber bei der kleinen *Pogona henrylawsoni*).

Eine zweite Ebene im Terrarium wird mit ein paar Steinplatten geschaffen. Wegen des hohen Gewichtes kann man alternativ auch „Kunstfelsen" verwenden. Beispielsweise formt man aus Maschendraht Felsüberhänge oder ganze Wandverkleidungen für die Seiten und Rückwände. Dieses Grundgerüst wird mit Glasfaser-

Bartagame sind eindrucksvolle Pfleglinge Foto: K. Kunz

Die Einrichtung

matten belegt, mit Heißkleber fixiert und mit Kunstharz überstrichen. Egal ob mit Epoxyd-, Polyester-, Vinyl- oder Acrylharz – Folgendes ist zu beachten: All diese Stoffe setzen Lösungsmitteldämpfe frei, die nicht ungefährlich sind, Atemwege und Augen reizen und Allergien auslösen können. Daher müssen Sie immer erst die Anleitung lesen, bevor Sie beginnen, und beim Arbeiten müssen die Fenster weit geöffnet sein (oder man arbeitet gleich im Freien). Nach dem Aushärten kommen zwei Anstriche dazu, jetzt kann man Farbe dazumischen, ebenso runden Kies oder Sand, um den Tieren eine griffige Oberfläche zu bieten.

Eine weitere gängige Methode zur Erstellung von Kunstfelsen greift auf Styropor zurück. Man sägt zur Herstellung einer Hintergrundlandschaft eine entsprechende Felsformation aus dem Werkstoff. Als Werkzeug dient z. B. eine kleine Fuchsschwanzsäge. Einzelteile und Oberfläche werden mit Styroporkleber verbunden bzw. deckend aufgebracht. Danach erfolgt ein kompletter Anstrich aus Epoxydharz oder Holzleim, der die Felsformation gegen scharfe Krallen härtet. Auf die noch feuchte Oberfläche kann dann wiederum Material wie Sand oder Kies aufgebracht werden. Viele weitere Ideen zur Gestaltung solcher Kunstfelsen sowie genaue Schritt-für-Schritt-Bauanleitungen können Sie übrigens in dem Buch „Terrarieneinrichtung" von WILMS (2004) nachlesen.

Eine Bepflanzung von Bartagamenterrarien erübrigt sich schnell, die Tiere wollen einfach nicht akzeptieren, dass es sich um eine augenfällige Dekoration handelt und nicht um ein Präsent aus dem Feinkostladen. Wer dennoch auf eine ästhetische und natürlich wirkende Bepflanzung besteht, muss sie so anbringen, dass sie von den Agamen nicht erreicht werden kann. Ein Kompromiss zwischen Halter und Bartagamen wäre noch der Einsatz künstlicher Pflanzen. Da gibt es mittlerweile verblüffend echt wirkende Produkte, wo man selbst beim zweiten Hinsehen immer noch nicht sicher ist, ob es „original" oder „Plaste" ist.

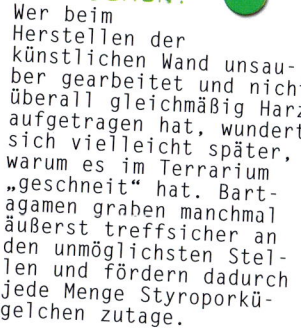

WUSSTEN SIE SCHON?
Wer beim Herstellen der künstlichen Wand unsauber gearbeitet und nicht überall gleichmäßig Harz aufgetragen hat, wundert sich vielleicht später, warum es im Terrarium „geschneit" hat. Bartagamen graben manchmal äußerst treffsicher an den unmöglichsten Stellen und fördern dadurch jede Menge Styroporkügelchen zutage.

Eingewöhnung der Tiere und Pflege

BEVOR neu erworbene Tiere in ein Terrarium dürfen, sollten sie für 4–5 Wochen in einem Quarantäneterrarium mit etwa den Maßen 100 x 60 x 60 cm untergebracht werden. Es genügen Küchenpapier als Bodenauflage, eine Wasserschale, eine Licht- und Wärmequelle, die aber unbedingt für die optimalen Temperaturen sorgen müssen! Das Tier wird auf äußere Parasiten untersucht, Kotproben werden beim reptilienkundigen Tierarzt abgegeben, der die Untersuchung selbst vornimmt, oder man verschickt die Probe an ein Institut. Ist nach dem Ablauf dieser Quarantänezeit alles in Ordnung, kann der Umzug der Bartagamen ins eigentliche Terrarium erfolgen.

Natürlich freuen wir uns darüber, dass die Tierchen so gute Fresser sind. Beim Betreten des Terrarien- oder gar Wohnzimmers nimmt man dann leicht wahr, dass unsere Bartagamen schon wieder Verdauung hatten. Es riecht unangenehm, und schleunigst sollte der Kothaufen großflächig mit einer Schaufel entsorgt werden. Stellen Sie fest, dass die Tiere ständig auf eine bestimmte Stelle koten, können Sie es sich bequem machen, indem Sie eine Plastikbox eingraben, die das Wesentliche auffängt und das Handling somit vereinfacht. Bei mangelnder Hygiene sind der raschen Vermehrung von Parasiten und Mikroorganismen Tür und Tor geöffnet, wenn die Bartagamen verschmutztes Futter oder eigenen Kot verzehren. Übrig gebliebenes Futter sollte man spätestens am Abend aus dem Terrarium nehmen.

Frisches Trinkwasser sollte den Bartagamen in nicht zu flachen, schweren Keramikschalen dauernd zur Verfügung stehen. Wie oben schon erwähnt, sorgt man außerdem durch regelmäßiges Übersprühen (täglich bis mehrmals wöchentlich) des Terrariums dafür, dass der Bodengrund nicht austrocknet und eine angemessene Luftfeuchtigkeit herrscht, die man mit einem Hygrometer überprüft. Sie sollte tagsüber bei etwa 30–40 % liegen; nachts

> **DER PRAXISTIPP**
> Macht man sich die hier genannten regelmäßigen Pflegearbeiten zur Routine, so ist eine ausreichende Hygiene im Terrarium garantiert, und man beugt damit Krankheiten vor.

Eingewöhnung der Tiere und Pflege

steigt sie bei richtig „eingestelltem" Bodengrund von selbst auf 50–60 % an.

Die Terrarienscheiben werden herausgenommen, mit Essig-Reiniger gesäubert, mehrfach gespült und vor ihrem Wiedereinsatz trockengerieben. Der Bodengrund sollte bei Bedarf ausgewechselt werden, spätestens einmal pro Jahr, genau wie die Leuchtmittel, deren Lichtausbeute erheblich nachlässt. Einrichtungsgegenstände werden etwa alle vier Wochen unter heißem Wasser abgeschrubbt.

Zur Pflege der Bartagamen gehört nicht nur die Fütterung. Foto: M. Schmidt

Ernährung und Tränken

BARTagamen ernähren sich in der Natur ebenso wie im Terrarium je zur Hälfte von pflanzlicher Kost und von fast allen Tieren, die sie überwältigen können. Sie sind keine Stöberer, die ihre Beute aufscheuchen, sondern Ansitzjäger. Kleine Wirbeltiere, (z. B. Mäuse und Ratten) sowie die verschiedensten Wirbellosen (z. B. Heuschrecken, Schaben und Grillen) gehören zu ihrem Beutespektrum. Jungvögel und Frösche zählen in freier Wildbahn ebenso dazu wie auch Jungtiere der eigenen Art. Auch die unterschiedlichsten Blüten, Blätter, Früchte und einige Gemüsearten stehen auf ihrem Speiseplan und werden je nach Saison verzehrt.

Im Terrarium bieten wir eine möglichst frische, ausgewogene und abwechslungsreiche Kost an. Im Handel erhältliche Futterinsekten, wie z. B. Heimchen, Zweifleckgrillen, Steppengrillen, Heuschrecken, Wachsmottenlarven, Krullfliegen, Schwarzkäfer- und Rosenkäferlarven, Argentinische

Futtertiere, wie diese Schaben der Art *Panchlora nivea*, müssen selbst immer gut ernährt sein, damit sie eine wertvolle Nahrung für unsere Bartagamen darstellen. Foto: A. Hauschild

Ernährung und Tränken

Schaben und Totenkopfschaben werden gerne genommen. Je besser die Beute im „Futter steht", um so gehaltvoller ist sie für unsere Pfleglinge. Es müssen satt gefütterte Schaben, Grillen und Heuschrecken sein bzw. frisch gesammelte Schnirkelschnecken oder pralle Schwarzkäferlarven. Immer wieder sehe ich bei Terrarianern die kleine Heimchendose auf dem Lampenkasten des Terrariums stehen. Die letzten aufgeheizten Heimchen-Zombies taumeln herum, sie haben nichts zu trinken und nichts zu fressen außer Verpackungspapier. Das ist nicht nur den Insekten gegenüber tierquälerisch, sondern solches Futter ist auch für unsere Bartagamen vollkommen wertlos. Dabei ist es doch so einfach: Die gekauften Futtertiere werden sofort in ein hohes Plastikterrarium mit Deckel umgesetzt. Zum Hantieren und Entnehmen des Lebendfutters kann man dann eine lange Pinzette verwenden. Dann gibt man den Insekten noch 1–2 Eierkartons als Versteck

Ein Paar Argentinische Schaben, das geflügelte Tier ist das Männchen.
Foto: A. Hauschild

Ernährung und Tränken

Weizenkeimlinge gedeihen zu jeder Jahreszeit und schmecken nicht nur den Futtertieren, sondern auch den Agamen. Foto: A. Hauschild

und Häutungshilfe hinein. Ein wenig Trockenfutter und täglich (!) sehr wenig frisches Obst oder Salat in einem Schälchen, das auch täglich wieder ersetzt wird. Mehr ist gar nicht erforderlich, aber weniger sollte es eben auch nicht sein! Wenn man mit dem gekauften Lebendfutter derart gründlich und gewissenhaft umgeht, kommt das den Terrarientieren erheblich zugute.

Im Sommer kann man zusätzlich mit dem Kescher Heuschrecken, Spinnen, unbehaarte Raupen und Fliegen fangen, außerdem noch Schnirkelschnecken sammeln. Wir meiden pestizidbelastete Wiesen und sammeln und keschern nicht in Naturschutzgebieten.

Ein paar wenige Sätze über das Verfüttern von Wirbeltieren an Bartagamen: Ich weiß, dass große, ausgewachsene Bartagamen auch mit Kleinsäugern (Hamster, Ratten und Mäuse) im Ganzen oder Teilen gefüttert werden. Aus Tierschutzgründen sollten diese stets abgetötet einzeln von der Pinzette angeboten werden. Ebenso werden Eintagsküken, Fisch und Innereien von Schlachttieren verfüttert, z. B. Herz- oder Leberstücke. Meine Bartagamen müssen aber ohne Kleinsäuger, Geflügel, Fisch und ballaststoffarme Innereien auskommen. Ich kann versichern, dass die Geruchsbelästigung durch den Kot sonst nämlich drastisch ansteigt. Eine gesunde Ernährung ist auf jeden Fall ohne solche Futtermittel möglich.

Die mögliche pflanzliche Nahrung im Detail aufzuzählen, würde sehr viel Raum erfordern. Da lässt sich so viel ausprobieren, und man darf immer mal was Neues

Ernährung und Tränken

anbieten. Löwenzahnblätter und -blüten stehen bei den Agamen hoch im Kurs, ebenso viele Garten- und Wildkräuter. Spitzwegerichblätter, Vogelmiere, Klee, Gänseblümchen, Hirtentäschel, Basilikum, Kürbis, Lauch, glatte Petersilie und Holunderblüten sind beliebtes Futter – um nur einige zu nennen. Es hat mir immer Spaß gemacht, mit einem Bestimmungsbuch durch Feld und Flora zu laufen, und Stunden später die Bartagamen mit dem Ertrag zu konfrontieren. Worauf mögen sie sich wohl zuerst stürzen? Was meiden sie? Wovor ekeln sie sich? Auf als giftig bekannte Pflanzen verzichtet man selbstverständlich.

Obst schneidet man klein oder raspelt und entkernt es; man sollte es aber nur ab und zu verfüttern, da es oft ein ungünstiges Kalzium-Phosphor-Verhältnis aufweist. Der für den Knochenaufbau wichtige Kalziumanteil sollte möglichst überwiegen.

Ein nicht zu unterschätzendes Futter sind Keimlinge. Insbesondere die Winterzeit stellt eine Herausforderung an den Halter: Wo gibt's jetzt was Frisches, Leckeres, Attraktives für die Bartagame? Die Antwort: „Biosnacky"! Frische Keimlinge, z. B. Weizen oder Soja, werden in einem „Biosnacky" angebaut. Es handelt sich dabei um ein in Reformhäusern erhältliches System aus dreifach übereinander gestapelten Schalen zur Keimlingszucht, die mit einem Überlaufsystem versehen sind. Man kann auf diese Weise

> **DER PRAXISTIPP**
> Finger weg von Kopf- und Eisbergsalat, beide haben so gut wie keinen Nährwert und kommen meistens aus dem Treibhaus.

Solche Wanderheuschrecken sind ordentliche Futterhappen für unsere Agamen.
Foto: A. Hauschild

Ernährung und Tränken

hervorragend x-beliebige Mengen an Keimlingen bzw. Sprossen wachsen lassen. Der Aufwand ist minimal und beschränkt sich auf tägliches Wässern. So wird hochwertiges Futter erzeugt, das auch im Winter sicher zur Verfügung steht.

Was heute gefressen wird, wird morgen häufig schon verweigert, aber nächste Woche wieder gierig verzehrt. Abwechslung ist angesagt. Irgendwie menschlich, nicht wahr? Eine viel diskutierte Frage ist die nach der Dosierung von Vitaminen und Kalzium. Diese beantworte ich für Frühjahr bis Herbst mit der Verabreichung frisch gesammelter Schnirkelschnecken, die ohne Zwischenlagerung verfüttert werden. Das heißt, die Bartagamen bekommen die kalkhaltigen Gehäuse und den fleischigen Körper samt Inhaltsstoffen zu fressen. Außerdem hat sich bei mir zur dauerhaft ausreichenden Versorgung von Bartagamen mit Mineralstoffen und Vitaminen noch folgende Vorgehensweise bewährt: Alle Futtertiere werden vor dem Verfüttern in eine leere Heimchen-/Grillendose gesetzt und mit einem Gemisch aus einem Vitamin-Mineralstoff-Präparat (ich verwende „Korvimin ZVT") und Kalziumzitrat bepudert. Beides gibt es beim Tierarzt zu kaufen. Die Futtertiere werden sachte geschüttelt und danach sofort einzeln den Bartagamen angeboten.

Vor allem, wenn den Tieren nicht regelmäßig UV-Licht zur Verfügung steht, kommt der Versorgung mit Vitamin D_3 große Bedeutung zu. Hier empfiehlt sich die Zufütterung über ein Multivitaminpräparat (z. B. „Multi-Bioweyxin"). Aus Erfahrungswerten mit anderen Echsen rechnet man mit etwa 100 Internationalen Einheiten (I. E.) Vitamin D_3 pro kg Körpergewicht in der Woche. Man sollte also darauf achten, wieviele I. E. der Hersteller des Vitaminpräparates angibt; außerdem muss bei der Zufütterung von Vitaminpräparaten darauf geachtet werden, dass auch wirklich jedes Tier die ihm zugedachte Menge erhält (und nicht etwa eines dem anderen alles wegfrisst oder -trinkt und somit eine Überdosis erhält). Am einfachsten mischt man die Vitamine in einen süßen Bananenbrei, der jedem Tier einzeln angeboten wird.

> **DER PRAXISTIPP**
> Im Terrarium darf nie ein Schälchen mit zerstoßenem Sepiaschulp und Taubengrit fehlen. Diese Quelle nutzen Bartagamen gerne, um ihren Bedarf an Kalzium zu decken.

Ernährung und Tränken

Eine Trinkschale im Terrarium und mäßig feuchter Bodengrund sind nicht alles, was an Feuchte notwendig ist. Ein Bad alle vier Wochen sorgt nicht nur für gute Häutungsergebnisse, sondern auch für puren Badespaß. Die Agamen werden einzeln in ca. 25 °C warmes Wasser einer großen Schüssel gestzt, in der sie problemlos so stehen können, dass ihr Kopf über dem Wasser ist. Wir rühren ein paar Tropfen flüssiges Vitaminpräparat hinzu, denn zuerst beginnen die Tiere meist gierig zu trinken. Sie genießen regelrecht die rund zwanzig Bademinuten. Die Agamen paddeln, tauchen, trinken und „kraulen". Oft bringt das ihren Körperhaushalt so richtig in Schwung, und sie koten ordentlich. Dann ist Wasserwechsel angesagt, für das nächste Tier. Wir trocknen die Agame vorsichtig ab und setzen sie unverzüglich ins warme Terrarium zurück. Vorher kontrollieren wir sie auf Häutungsreste an Schwanz, Zehen und Krallen und entfernen sie gegebenenfalls. Man sollte aber nie mehrere Tiere gleichzeitig baden, sie „steigen sich sonst aufs Dach"! Es sei allerdings angefügt, dass manche Halter auch von panischen Reaktionen einzelner Bartagamen berichten, nachdem sie in das Wasser gesetzt wurden. In einem solchen Fall verzichtet man selbstverständlich auf weitere Badetage.

Schnirkelschnecken – das Sammelergebnis von zehn Minuten Suche. Foto: A. Hauschild

Lebensalter und Gesundheit

ART gerecht und parasitenfrei gehaltene Bartagamen können im Terrarium sehr alt werden, älter als in der Natur. Eine Lebensdauer von zehn oder mehr Jahren ist keine Seltenheit.

Weibliche *P. vitticeps* zu Beginn der Häutung Foto: A. Hauschild

Als Halter darf man dann natürlich sehr stolz sein, wenn das Tier gesund ein solch hohes Alter erreicht.

Ist ein Tier krank, sollte man ohne Zögern einen Tierarzt aufsuchen – allerdings keinen, der sich nicht mit Reptilien auskennt. Gefragt sind solche, die bereits gute und umfangreiche Erfahrungen mit der Behandlung erkrankter Reptilien vorweisen können. Die Deutsche Gesellschaft für Herpetologie und Terrarienkunde e.V. (DGHT) hält eine Liste bereit, in der Tierärzte aufgeführt sind, die sich auf Reptilien spezialisiert haben. Auf der Homepage der DGHT wird man ebenso fündig (www.dght.de). In diesem Buch sollen keinerlei Heilungsvorschläge gegeben, sondern lediglich Hinweise für eine mögliche Erkrankung aufgezeigt werden (ohne Anspruch auf Vollständigkeit).

Häutungsschwierigkeiten

Häutungsschwierigkeiten müssen den Halter zunächst nicht allzu sehr beunruhigen, so etwas kommt bei dem einen oder anderen Exemplar schon einmal vor. Aber der Pfleger sollte sich beim Auftreten dieser Schwierigkeit einige Fragen stellen: Ist die Sandschicht im Terrarium mindestens 30 cm hoch? Wird jeden Morgen mit warmem Wasser gesprüht? Alle vier Wochen ein Bad bei 25 °C? Bei Einhaltung dieser Haltungsbedingungen sollte es nämlich eigentlich keine Probleme mit der Häutung geben.

Wenn sich Häutungsreste auch nach Tagen nicht lösen, dann sollte diese Partie vorsichtig mit Vaselinesalbe dünn eingeschmiert werden; später dann vorsichtig manuell die Reste entfernen. Besonderes Augenmerk sollte dabei Zehen und Schwanz gelten. Das Absterben und Eintrocknen von Schwanzspitze und Zehen sind meist eine Folge verbliebener Häutungsreste, die zu einem Abschnüren der betroffenen Partie führen. In einigen Fällen gelang es, hartnäckige Hautpartien mit feuchtem Haushaltspapier zu umwickeln, mit einem Bändchen zu fixieren und wenige Stunden später von alter Haut zu befreien. Es gab aber auch Bartagamen, die zogen sich in Sekundenschnelle das alberne Haushaltspapierkleidchen gleich wieder aus! Wenn sich alte Haut aber auch nach Tagen nicht komplett löst und mehrere Bäder nicht weiterhelfen, dann bleibt letztendlich nur noch der Weg zum Tierarzt.

Verletzungen

Bei Knochenbrüchen der Extremitäten muss in jedem Fall der Tierarzt aufgesucht werden. Falls lediglich Zehen gequetscht oder gebrochen sind, genügt u. U. ein Pflasterverband zum Anheilen, wenn man den Abstand zwischen den Zehen mit Zellstoff umwickelt.

> **DER PRAXISTIPP**
> Ein verletztes Tier immer einzeln in ein Terrarium setzen, damit es sich stresslos erholen kann. Außerdem mit reichlich Nahrung verwöhnen und sorgfältig auf eine gründliche Pflege achten, sodass der Heilungsprozess optimal unterstützt wird.

„Karlchen" unter Aufsicht im Garten. Solche Ausflüge kommen der Gesundheit der Bartagamen zugute. Foto: A. Hauschild

Weitere Krankheitsanzeichen

Bei nachfolgend aufgeführten Symptomen ist der rasche Gang zum Tierarzt angezeigt:
- Futterverweigerung außerhalb der Winterruhe
- eingefallene Augen
- eingezogener Bauch, gekrümmte Wirbelsäule
- Kiefer „instabil", verschiebbar, weich
- Koordinierungsprobleme beim Beutefang
- Körperzittern, Bewegungen unkoordiniert
- permanent geöffnetes Maul, pfeifender Atem
- Zahnleisten mit gelben Belägen, „dicke Lippen"
- abgemagerter Zustand, Schwanz weist Längsrillen auf
- ungewöhnlich stinkender Kot
- unerklärliche Inaktivität, Dunkelfärbung der Haut
- geschwollene Hemipenistaschen
- rote, schwarze, orange oder gelbe (bewegliche) Pünktchen auf dem Körper (Milben)
- Weibchen mit tief liegenden Augen, Apathie, deutliche „Murmeln" im Bauch (Legenot, d. h. ein Tier kann aus psychischen oder physischen Gründen seine Eier nicht ablegen)

Vermehrung von Bartagamen

DER Höhepunkt der Haltung von Bartagamen ist mit Sicherheit die erfolgreiche Nachzucht. Das werden Sie spätestens dann bestätigen, wenn Sie einmal eine Schar putzmunterer Winzlinge großziehen durften...

Überwinterung

Bartagamen sind in ihrer australischen Heimat einer festen Jahresrhythmik unterworfen, Futterangebot, Lichtintensität und Wärmeangebot variieren je nach Jahreszeit. Das Verbreitungsgebiet der Bartagamen liegt in den Subtropen; hier gibt es deutliche jahreszeitliche Unterschiede einschließlich eines kühleren Winters, während dem die Tiere in der Natur eine Ruhephase einlegen. Diese Pause müssen wir ihnen auch im Terrarium gönnen. Zum einen ist dies langfristig für ihr Wohlergehen von Bedeutung, zum anderen löst eine solche Überwinterung aber auch erst den Fortpflanzungstrieb aus.

Natürlich dürfen aber nur gesunde, parasitenfreie und kräftige Bartagamen überwintert werden. Zur Einleitung der Überwinterung schaltet man zunächst eine „Übergangszeit" von 3–4 Wochen ein. Als erstes stellt man die Fütterung der Tiere ein (wichtig, damit es während der Überwinterung zu keinen Fäulnisprozessen im Darm kommen kann), nach der Hälfte der Übergangszeit reduziert man allmählich Beleuchtungsdauer und -intensität und damit auch die Terrarientempera-

Bartagamengelege in feuchtem Vermiculit.
Foto: A. Hauschild

Überwinterung

turen. Zur eigentlich Überwinterung dann stellt man Heizung und Beleuchtung für 6–8 Wochen aus. Den genauen Zeitpunkt dieser Ruhephase kann man frei wählen. Einmal festgelegt, sollte man diesen Rhythmus dann aber möglichst über die Jahre beibehalten. Während der Winterruhe lässt man das Licht im Terrarium komplett ausgeschaltet, füttert und badet die Tiere nicht und lässt sie einfach in Ruhe. Lediglich der Wassernapf sollte immer frisch gefüllt sein. Die Temperaturen liegen während der Überwin-

> **DER PRAXISTIPP**
> Außerhalb der Paarungszeit und vor allem während der Überwinterung hält man Bartagamen am besten einzeln. Das Zusammensetzen der Geschlechter nach der Winterpause wirkt nach meinen Erfahrungen sehr stimulierend auf die Tiere, sodass es meist problemlos zu Paarungen und einer erfolgreichen Nachzucht kommt.

Überwinterung

terung auf Zimmerniveau, also bei 18–21 °C. Die Agamen sind während dieser Zeit wenig aktiv oder ziehen sich ganz in ihre Verstecke zurück. Ihr Stoffwechsel ist in dieser Phase stark reduziert, sodass sie kaum an Gewicht verlieren. Starke Gewichtsabnahme während der Überwinterung kann ein Zeichen für einen Befall mit Parasiten sein – in diesem Fall die Ruhephase abbrechen und sofort den Tierarzt aufsuchen!

Nachdem die Bartagamen ihre Winterruhe beendet haben, werden sie über etwa zwei Wochen langsam wieder an höhere Terrarientemperaturen, mehr Licht und Futter gewöhnt.

Übrigens: Eine solche „milde" Überwinterung schadet auch ge-

Lohn der Mühe: schlüpfende Babys Foto: A. Calgua

Paarungsverhalten/Trächtigkeit und Eiablage

sunden Jungtieren nicht, auch wenn manche Züchter im ersten Lebensjahr der Tiere lieber darauf verzichten.

Paarungsverhalten

Für die Nachzucht setzt man nur gesunde, gut genährte, nicht direkt miteinander verwandte und mindestens einjährige Tiere ein. Erstes Paarungsinteresse ist bei den Bartagamenmännchen erkennbar, wenn sie eine Gesamtlänge von ca. 30 cm aufweisen. Etwa 2–4 Wochen nach Beendigung der Winterruhe beobachtet man bei den Männchen ein starkes Kopfnicken: Auf und ab, mit den Beinen knickt der Körper ein, der Oberkörper wird angehoben und wieder gesenkt, und die Kehle (der „Bart") färbt sich tiefschwarz. Weibchen reagieren mit Armdrehen oder „Winken". Sie beschwichtigen, ducken sich, flüchten und entziehen sich den Annäherungsversuchen. Manchmal halten sie dagegen und nicken das Männchen an. Dieses umkreist dann das Weibchen und versucht einen Paarungsbiss zwischen Nacken und Schulter zu landen – gelegentlich mit Erfolg. Um jetzt seine Kloake auf die der Partnerin zu bringen, kratzt es mit seinen Hinterbeinen auf ihrem Rücken, bis sie ihre Schwanzbasis so hochhält, dass es einen der beiden Hemipenes in ihre Kloake einführen kann. In Minutenschnelle ist alles vorbei und die beiden trennen sich wieder.

Trächtigkeit und Eiablage

Nach einer erfolgreichen Paarung dauert es etwa sechs Wochen bis zur ersten Eiablage. Bei der Er-

Trächtigkeit und Eiablage

> **DER PRAXIS-TIPP**
>
> Wie gesagt, ich empfehle die Getrennthaltung der Geschlechter außerhalb der Paarungszeit. Aber in jedem Fall sollte das Männchen ein paar Wochen vor der Eiablage des Weibchens aus dem Terrarium entfernt werden, damit das Weibchen in aller Ruhe die Eier an einer günstigen Stelle in gewohnter Umgebung vergraben kann. Man sollte also nicht das trächtige Weibchen ausquartieren, sondern das Männchen (eine der Fragen, die am häufigsten gestellt werden)! Kommt das Weibchen in eine ungewohnte Umgebung, erhöht sich die Gefahr, dass es seine Eier nicht ablegen kann (Legenot).

Bartagamen sonnen sich gerne und ausgiebig. Foto: A. Calgua

nährung des Weibchens ist während dieser Zeit besonders sorgfältig auf abwechslungsreiche Kost und einen ausreichenden Anteil an Vitaminen und Nährstoffen zu achten – der spätere Nachzuchterfolg ist maßgeblich von der Versorgung des Weibchens während der Trächtigkeit abhängig! Das Weibchen wird sichtbar fülliger, verbringt viel Zeit unter dem Spotstrahler, und schließlich zeichnen sich die Eier bereits schemenhaft als Wölbungen an den Flanken ab. Kurz vor der Eiablage stellen die Weibchen oft, aber nicht immer die Nahrungsaufnahme ein und werden sichtbar unruhiger. Nun beginnt die

Inkubation

Suche nach einem geeigneten Eiablageplatz. Diese Phase dauert einige Tage, während denen das Weibchen viel umherläuft und an allen möglichen Stellen im Terrarium Probegrabungen vornimmt. Von entscheidender Bedeutung ist, dass ein geeigneter Eiablageplatz im Terrarium vorhanden ist. Fehlt dieser, kann das Weibchen u. U. seine Eier nicht ablegen und erleidet eine Legenot, die lebensbedrohlich ist und der Behandlung durch einen reptilienerfahrenen Tierarzt bedarf! Wenn Sie Ihr Bartagamenterrarium gestaltet, ausgerüstet und gepflegt haben (hoher Bodengrund, feuchte Teilbereiche, richtige Temperaturen), wie in diesem Buch empfohlen dann gibt es aber keine Probleme mit der Eiablage. Das Weibchen sucht sich dann eine feuchte, aber nicht nasse Stelle des Bodengrundes, wo die Temperaturen etwa 25–30 °C warm sind, und gräbt dort seine endgültige Eiablagehöhle, in die bei normalen erwachsenen Weibchen um die 20–30 Eier abgesetzt werden (es wurden aber auch Rekordgelege von über 60 Eiern bekannt). Die Höhle wird anschließend wieder sorgfältig vergraben, sodass der Pfleger nicht immer gleich erkennt, an welcher Stelle die Eier liegen. Die erfolgte Eiablage ist aber leicht daran zu erkennen, dass das Weibchen nun ganz eingefallen ist und geradezu ausgezehrt wirkt.

Einmal verpaart, können Weibchen bis zu sieben befruchtete Gelege pro Saison absetzen. Wenn sich das Weibchen vom Gelege entfernt hat, kann man die Eier ein paar Stunden später entnehmen; sie sind dann ausgehärtet. Man sollte die Eier nicht an Ort und Stelle belassen, sondern mit einem weichen Pinsel freibürsten, vorsichtig anfassen, dabei aber keinesfalls um die Längsachse drehen. Der Embryo im Reptilienei ist nach kurzer Zeit nicht mehr frei beweglich, und beim Drehen würde der Embryo unter den Dottersack geraten und von ihm erdrückt werden. Die Eier müssen in einen Brutkasten überführt werden, da es sehr schwierig wäre, im Terrarium die richtigen Brutbedingungen einzustellen; außerdem würden Schlüpflinge von den Eltern gefressen.

Inkubation

Als Inkubationsbehältnis haben sich mit einem Deckel verschlossene Grillendosen, zur Hälfte gefüllt mit mäßig feuchtem Vermiculit oder Perlite (dieses Material

Inkubation

DER PRAXISTIPP

Vermiculit hat die richtige Feuchtigkeit, wenn man etwas weniger Wasser zugibt, als das Substrat selbst wiegt (Achtung! Gewicht vergleichen, nicht Volumen!). Es fühlt sich dann feucht an, sollte aber beim Herausnehmen in der Hand nicht tropfen; Wasser darf nur entweichen, wenn man es mit aller Kraft in der Hand zusammendrückt. Wer noch keine Erfahrungen mit der Inkubation von Echseneiern hat, sollte zu Beginn das Gewicht des Brutbehälters messen. Bei der wöchentlichen Kontrolle wird dann einfach wieder gemessen und ggf. der so ermittelte Anteil des verdunsteten Wassers vorsichtig am Rand des Behälters wieder nachgefüllt.

gibt es auch im Zoofachgeschäft zu kaufen), als sehr geeignet erwiesen. Stets sollte man die Eier zur Hälfte im Brutsubstrat einbetten (siehe Foto S. 48/49.)

Diese Behältnisse stellt man in einen Brutapparat Marke Eigenbau oder in einen handelsüblichen Inkubator; solche Geräte sind in verschiedenen Ausführungen im Zoohandel erhältlich. Einmal wöchentlich kontrolliert man den Zustand von Substrat und Eiern, gibt u. U. etwas Wasser dazu oder entsorgt ein verdorbenes Ei. Sowohl bei der Inkubation als auch beim Nachfeuchten ist darauf zu achten, dass kein Wasser direkt mit den Eiern in Kontakt kommt (Achtung auch mit Kondenswasser am Deckel des Brutbehälters; dieser sollte immer etwas schräg platziert sein, damit die Tropfen nicht einfach senkrecht auf die Eier fallen können).

Handesübliche Grillendosen haben eine Normgröße; für sie empfehle ich, nicht mehr als 7–8 Eier pro Box hineinzulegen. Anfangs scheint die Dose relativ groß im Verhältnis zu den nur murmelgroßen Eiern, doch die weichschaligen Eier vergrößern sich durch Wachstum und Feuchtigkeitsaufnahme, bis die Jungen schlüpfen. Das Gelege wird ca. 50–80 Tage bei 26–29 °C und 95 % relativer Luftfeuchte im Brutbehälter gezeitigt. 1–2 Tage vor dem Schlupf treten an der Schalenoberfläche Feuchtigkeitströpfchen auf – die Eier „schwitzen". Stunden später ritzen die kleinen Bartagamen mit einem winzigen Eizahn, der anschließend abfällt, die Eischale an. Mit kräftigen Bewegungen strecken sie ihr Köpfchen aus dem Ei und beginnen mit der Lungenatmung. So können sie Stunden oder einen Tag lang im Ei verharren, ohne die Hülle zu verlassen, weil dieser Job extrem anstrengend ist. Auch nicht zu vergessen: Die Bauchdecke ist noch geöffnet, weil der Dottersack noch nicht vollständig resorbiert ist! Da bleibt man doch lieber noch ein Weilchen in der schützenden Hülle.

Haben sich die Jungen einmal

Inkubation

Bartagamen lernen sehr schnell, wo es Leckereien gibt. Foto: M. Schmidt

aus dem Ei befreit, werden sie vorsichtig aus dem Brutbehälter entnommen. Meistens ist die Bauchseite noch nicht vollständig geschlossen, der Dottersack noch nicht ganz aufgenommen. Daher setzt man sie in eine andere Grillendose, auf deren Boden feuchter Zellstoff liegt. Diese Dose stellt man wiederum in den Brutapparat. Spätestens nach einem Tag sollte der Dottersack schließlich ganz resorbiert sein.

> **WUSSTEN SIE SCHON?**
> Es kommt gelegentlich vor, dass sich die Bauchdecke schließt, jedoch ein Teil des Dottersacks außerhalb des Körpers verbleibt und abtrocknet. Nach Tagen fällt er problemlos ab. Bis dahin sollte dieses Baby aber unbedingt einzeln gehalten werden. Ansonsten würde die Gefahr bestehen, dass Geschwister in das leuchtend rote Anhängsel beißen und daran reißen! Nabel- und Bauchregion würden Schaden nehmen und das Tier möglicherweise sterben.

Aufzucht der Jungtiere

NACH dem Schlupf der Babys wird man lange auf die Folter gespannt, bis sie das erste Mal ans Futter gehen. Bis zu einer Woche kann es dauern, ehe sie nach der ersten Grille schnappen, die bis dahin unbeachtet an ihrer Schnauze vorbeilief. Die Jungen werden exakt mit den gleichen Futtertieren und -pflanzen gefüttert wie ihre Eltern, nur eben alles ein paar Nummern kleiner. Bitte die Futtertiere nicht „pur" geben, sondern – wie bei den Eltern – immer vor dem Verfüttern mit Vitaminen und Mineralstoffen einpudern.

Das Aufzuchtterrarium sollte übersichtlich und nicht zu klein sein. Eine Bodenfläche von ca. 80 x 60 cm ist für drei Jungtiere angebracht. Als Einrichtung dienen zunächst Küchenpapier als Bodengrund, darauf ein 12er-Eierkarton, ein Tonschälchen mit täglich frischem Wasser, eine Portion Taubengrit als Kalziumvorrat, zwei armdicke Äste, darüber versetzt je ein Strahler, die eine Aufwärmzone von je 35 °C schafft.

Neben Futtertieren muss von Anfang an auch vegetarisches Futter zur Verfügung gestellt werden. Tomaten, Salat, Löwenzahn, Vogelmiere, Hirtentäschel etc. wird am besten täglich angeboten und zuvor schön klein geschnitten – dann fressen die Jungen am meisten davon. Unzerkleinertes Gemüse und Obst wird viel weniger angerührt. Gut geeignet ist auch eine Topfpflanze, z. B. glatte Petersilie oder Basilikum, die im Terrarium verbleibt. Nach und nach wird davon gefressen. Den Jungtieren wird täglich mittels einer Pipette Wasser zum Trinken angeboten, falls sie noch nicht selbstständig aus dem

> **DER PRAXISTIPP**
> Futtertiere (Grillen, Heimchen, kleine Heuschrecken, Schaben etc.) werden nicht einfach ins Terrarium geschüttet, sondern einzeln nach und nach an die Kleinen verfüttert. Denn zum einen könnten sich Futtertiere in der Dekoration bzw. unter Ästen und Karton verstecken, andererseits kann es zu Schock und Panik bei den Babys kommen, wenn sie mit zu vielen frei herumlaufenden Futtertieren konfrontiert sind: Ein Futtertier im Terrarium ist Beute, drei auch, fünf sind kritisch, sieben sind eine Bedrohung und neun sind schon eine Invasion. Alles, was darüber ist, ist unzumutbar! Die Kleinen laufen in Panik durch das Terrarium, rennen gegen die Scheiben, zittern, unter Umständen dauert es nicht lange, bis sie dem Stresstod erliegen! Also bitte das Vorstehende beherzigen!

Aufzucht der Jungtiere

Schälchen getrunken haben sollten. Wasserlösliche Vitamine schüttet man besser nicht in die Trinkschale, sondern träufelt sie mittels Pipette unmittelbar auf die Maulspitze. Die Kontrolle ist so besser! Zur erfolgreichen Aufzucht ist wichtig, dass die Jungtiere mit UV bestrahlt werden. Hierfür können sie zweimal wöchentlich 30 Minuten mit der 300-W-Osram-Ultra-Vitalux-Lampe aus 1 m Abstand bestrahlt werden. Man setzt die Kleinen in einen Eimer, befestigt die Lampe darüber, stellt einen Wecker und nimmt sich so lange was zu lesen. Danach setzt man das Tier zurück und bestrahlt die nächsten Bartagamen für eine halbe Stunde. Das ersetzt nicht „Sonne pur", kommt dem aber schon nahe. Alternativ kann man auch als Spotstrahler die bereits erwähnten UV-Strahler mit 100 W Leistung im Aufzuchtterrarium

> **DER PRAXISTIPP**
> Bartagamen-Terrarien sollen immer so aufgestellt werden, dass kein Sichtkontakt zu Artgenossen in anderen Terrarien besteht; im schlimmsten Fall kann bereits der Sichtkontakt zu einem dominanten Tier den Unterlegenen so stressen, dass es schlimmstenfalls zu seinem Stresstod führen kann.

In diesem Aufzuchtterrarium kann man gut die Lampe und den damit erzeugten Sonnenplatz sehen. Foto: A. Calgua

Weitere Informationen

DER PRAXISTIPP

Ein Tipp zum Schluss: Alle in diesem Buch gemachten Angaben zur Terrarienhaltung beziehen sich auf die Streifenköpfige Bartagame (*Pogona vitticeps*). Unter denselben Bedingungen können Sie aber auch die kleinere *Pogona henrylawsoni* pflegen, die auch nicht so große Terrarien benötigt. Die Art ist zwar etwas schwieriger zu bekommen als die im Handel allgegenwärtigen *P. vitticeps*, mit etwas Geduld sollten Sie aber auch Nachzuchten der kleineren Verwandten erwerben können. Die Duldsamkeit beider Arten dem Menschen gegenüber ist im Vergleich zu den restlichen Gattungsgenossen ungleich stärker ausgeprägt. Die weiteren Bartagamen-Arten sind auch kaum erhältlich und außerdem etwas schwieriger in der Haltung. Aber egal ob *P. vitticeps* oder *P. henrylawsoni* - Sie werden Ihre helle Freude an diesen sympathischen Echsen haben!

einsetzen, die ganztags brennen können.

Sieht man, dass ein einzelnes Tier nicht frisst, ständig Nahrung verweigert und/oder kümmert, muss es einzeln gesetzt werden, weil sich (schon jetzt) unter den Jungtieren eine Rangordnung gebildet hat. Die Situation würde unweigerlich zum Stresstod dieses Tieres führen. Solche unterlegenen Tiere muss man möglichst frühzeitig beim Auftreten erster Symptome separieren – sind die Kleinen erst derart kümmernd, dass sie ihren „Lebenswillen" verloren zu haben scheinen, hilft meistens keinerlei Bemühung mehr!

Abwechslungsreiches Futter, regelmäßige UV-Bestrahlung und gelegentliches Baden in warmem Wasser führen die Jungtiere binnen sechs Monaten zur Geschlechtsreife. Ab hier muss man gut hinschauen, ob sich die Gruppe verträgt, und ob man nicht einzelne Tiere (vor allem geschlechtsreife Männchen) separieren muss. Spätestens zur Winterruhe und allerspätestens unmittelbar danach ist die Trennung der Geschlechter bzw. die Aufteilung nach Gruppen angezeigt.

Weitere Informationen

ZUR Vertiefung der in diesem Buch gegebenen Informationen und zum tieferen Einblick in terraristische und herpetologische Themenbereiche empfehlen sich die Mitgliedschaft in einem Verein gleichgesinnter Terrarianer sowie ein intensives Literaturstudium. Die folgenden Auflistungen sollen dabei behilflich sein, einen Einstieg in die Thematik zu finden, können aber natürlich nur einen kleinen Ausschnitt aufzeigen.

Weitere Informationen

Zeitschriften

- REPTILIA, TERRARIA
Terraristik-Fachmagazine
erscheinen je sechs Mal jährlich
Natur und Tier - Verlag GmbH
An der Kleimannbrücke 39/41
48157 Münster
Tel.: 0251-133390
E-Mail: verlag@ms-verlag.de
www.ms-verlag.de

- DRACO
Terraristik-Themenheft
erscheint vier Mal jährlich
Natur und Tier - Verlag, s. o.

- Sauria
Terraristik und Herpetologie
erscheint vier Mal jährlich
Terrariengemeinschaft Berlin e.V.
Bruno Treu, Christstr. 10
14059 Berlin
E-Mail:
abo@sauria.dewww.sauria.de

- DATZ
Die Aquarien- und Terrarien-Zeitschrift
erscheint monatlich
Verlag Eugen Ulmer
Wollgrasweg 41
70599 Stuttgart
www.datz.de

Vereine und Interessengruppen

Die Deutsche Gesellschaft für Herpetologie und Terrarienkunde (DGHT, www.dght.de, DGHT e.V., Postfach 1421, 53351 Rheinbach, Tel.: 02225-7033 33, E-Mail: gs@ dght.de) ist mit über 8.000 Mitgliedern die weltweit größte Gesellschaft ihrer Art und bringt Wissenschaftler und Hobbyherpetologen zusammen. Mitglieder erhalten vierteljährlich mindestens drei verschiedene herpetologisch/terraristische Zeitschriften.

Innerhalb der DGHT existiert die „AG Agamen" als Zusammenschluss interessierter Pfleger.

Die AG beschäftigt sich intensiv mit dieser vielseitigen Reptiliengruppe (Biologie, Vorkommen, Terrarienhaltung) (Kontakt: Martin Dieckmann, Dambergskamp 12, D-59071 Hamm, Tel.: 02381-78426, E-Mail Dieckmann-hamm@web.de). Sie gibt gemeinsam mit der AG Iguana das Iguana-Rundschreiben heraus, das sich auch mit Agamen beschäftigt.

Untersuchungsstellen

Kotproben, Sektionen und andere Untersuchungen können von spezialisierten Tierärzten oder von veterinärmedizinischen Untersuchungsstellen, die es in vielen Städten gibt, vorgenommen werden. Eine Liste mit Tierärzten, die sich mit Reptilien und Amphibien beschäftigen, kann über die DGHT bezogen oder auf www.dght.de eingesehen werden.
Überregional bekannt sind z. B. folgende Einrichtungen:

- Exomed
Erich-Kurz-Str. 7
10319 Berlin
Tel.: 030-5112008
E-Mail: labor@exomed.de
www.exomed.de

- Universität München
Institut für Zoologie, Fischereibiologie und Fischkrankheiten
der tierärztlichen Fakultät
Kaulbachstr. 37
80539 München
Tel.: 089-2180-2687
E-Mail: office@zoofisch.vetmed.uni-muenchen.de
www.vetmed.lmu.de/zoofisch/

- Chemisches und Veterinäruntersuchungsamt Ostwestfalen-Lippe
Westerfeldstr. 1
32758 Detmold
Tel.: 05231-9119
E-Mail: poststelle@svua-detmold.nrw.de
www.cvua-owl.nrw.de

- Vet Med Labor GmbH
Mörikestraße 28/3
71636 Ludwigsburg
Tel.: 01802-838633
E-Mail: info@vetmedlabor.de
www.vetmedlabor.de
(für privat nur über Ihren Tierarzt)

Danksagung

ICH bedanke mich ganz herzlich bei Markus Juschka (Neuss) und dem Düsseldorfer Aquazoo für die Möglichkeit zum Fotografieren. Ein Dank auch an die beiden Lektoren Kriton Kunz und Heiko Werning, unter deren Mithilfe das Manuskript in der vorgegeben Zeit machbar wurde.

Weiterführende und verwendete Literatur

BUNDESMINISTERIUM FÜR ERNÄHRUNG, LANDWIRTSCHAFT UND FORSTEN, REFERAT TIERSCHUTZ (1997): Gutachten über Mindestanforderungen an die Haltung von Reptilien. – Bonn, 76 S.

COGGER, H.G. (1992): Reptiles and amphibians of Australia. – Reed Books & Cornell University Press, Chatswood & New York, 775 S.

FRIEDRICH, U. & W. VOLLAND (1992): Futtertierzucht. – Ulmer, Stuttgart, 188 S.

HAUSCHILD, A. & H. BOSCH (1997): Bartagamen und Kragenechsen. – Natur und Tier - Verlag, Münster, 95 S.

KÖHLER, G. (1997): Inkubation von Reptilieneiern – Grundlagen, Anleitungen, Erfahrungen. – Herpeton, Offenbach, 205 S.

–, K. GRIEßHAMMER & N. SCHUSTER (2003): Bartagamen – Biologie, Pflege, Zucht, Erkrankungen. - Herpeton, Offenbach, 190 S.

MANTHEY, U. & N. SCHUSTER (1992): Agamen. – Natur und Tier - Verlag, Münster, 120 S.

MÜLLER, P.M. (2002): Die Bartagame. – Kirschner & Seufer, Keltern/Weiler, 78 S.

PALIKA, L. (2003): Leben mit Bartagamen. – Natur und Tier - Verlag, Münster, 206 S.

RAUH, J. (2000): Grundlagen der Reptilienhaltung. – Natur und Tier - Verlag, Münster, 216 S.

WILMS, T. (2004): Terrarieneinrichtung. – Natur und Tier - Verlag, Münster, 128 S.

Bartagamen sind neugierige Pfleglinge. Foto: M. Schmidt

Literatur vom NTV
Jede Menge Antworten auf Fragen rund um Ihr Hobby

Bartagamen und Kragenechsen
A. Hausschild, H. Bosch

96 Seiten, 83 Abbildungen
Format: 16,8 x 21,8 cm
ISBN 978-3-931587-17-8

Preis: 19,80 €

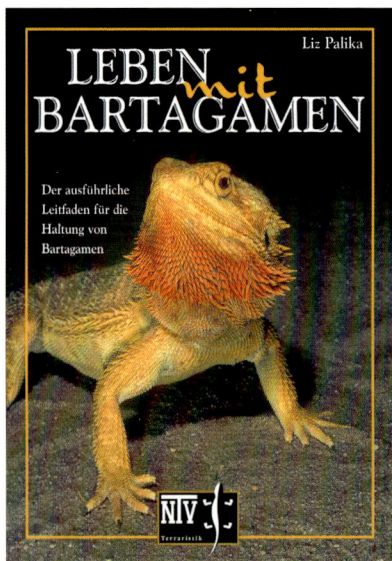

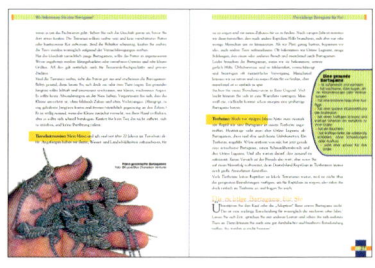

Leben mit Bartagamen
L. Palika

208 Seiten, 71 Abbildungen
Format: 16,8 x 21,8 cm
ISBN 978-3-931587-72-7

Preis: 19,80 €

Besuchen Sie uns auf www.ms-verlag.de

Terrarieneinrichtung
Grundlagen • Materialien • Methoden

T. Wilms

128 Seiten, 181 Fotos, 1 Tabelle
Format: 16,8 x 21,8 cm
ISBN 978-3-931587-90-1

Preis: 19,80 €

DRACO
– das Terraristik-Themenheft

Preise

Einzelheft ....9,80 €

Abonnement:

Erscheinungsweise: 4 x jährlich

Inland ....34,40 €

Ausland ....39,80 €

Aboergänzung mit REPTILIA

Inland ....29,20 €

Ausland ....34,00 €

Natur und Tier - Verlag GmbH
An der Kleimannbrücke 39/41, 48157 Münster
Telefon: 0251-13339-0, Fax: 13339-33
E-Mail: verlag@ms-verlag.de, Home: www.ms-verlag.de

NTV

REPTILIA & TERRARIA
– Ihre Fachmagazine für die Terraristik

Preise

Einzelheft
TERRARIA oder REPTILIA ....6,50 €

Abonnements
6 x TERRARIA oder REPTILIA ....36,90 € (Ausland 46,80 €)

Im Kombi-Abonnement
6 x TERRARIA, 6 x REPTILIA ....69,00 € (Ausland 88,80 €)

Monat für Monat der komplette Lesestoff für Terrarianer

NTV Natur und Tier - Verlag GmbH
An der Kleimannbrücke 39/41, 48157 Münster
Telefon: 0251-13339-0, Fax: 13339-33
E-Mail: verlag@ms-verlag.de, Home: www.ms-verlag.de